欢迎来到
怪兽学园

__________ 同学，开启你的探索之旅吧！

献给所有充满好奇心的小朋友和大朋友。

——傅渥成

献给我的女儿豆豆和暄暄，以及一起努力的孩子们！

——郭汝荣

图书在版编目（CIP）数据

怪兽学园．物理第一课．9，时空穿梭之旅 / 傅渥成著；郭汝荣绘．—北京：北京科学技术出版社，2023.10
ISBN 978-7-5714-2964-5

Ⅰ．①怪…　Ⅱ．①傅…　②郭…　Ⅲ．①物理—少儿读物　Ⅳ．①Z228.1

中国国家版本馆 CIP 数据核字（2023）第 047057 号

策划编辑：吕梁玉
责任编辑：张　芳
封面设计：天露霖文化
图文制作：杨严严
责任印制：李　茗
出 版 人：曾庆宇
出版发行：北京科学技术出版社
社　　址：北京西直门南大街 16 号
邮政编码：100035
ISBN 978-7-5714-2964-5

电　　话：0086-10-66135495（总编室）
0086-10-66113227（发行部）
网　　址：www.bkydw.cn
印　　刷：北京利丰雅高长城印刷有限公司
开　　本：720 mm × 980 mm　1/16
字　　数：25 千字
印　　张：2
版　　次：2023 年 10 月第 1 版
印　　次：2023 年 10 月第 1 次印刷

定　　价：200.00 元（全 10 册）

怪兽学园 物理第一课

9 时空穿梭之旅

相对论

傅渥成◎著　郭汝荣◎绘

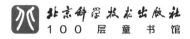

北京科学技术出版社
100层童书馆

最近，盼宝和阿成都痴迷于卡丁车，因此成了好朋友。这天，阿成听盼宝讲起阿基博士的奇妙前进号飞船。盼宝说他曾经和小伙伴们一起驾驶过飞船，这让阿成对飞船充满了好奇。

于是，阿成叫上飞飞，准备第二天和盼宝一起去拜访阿基博士。

我驾驶过这么大的飞船，
看过噗噗砰砰火山！
好厉害！

好期待！好激动！
嗯。
快跟上！
阿基博士肯定
会很开心！

欢迎来到奇妙前进号！
阿基博士，这艘飞船能飞多快？比我的卡丁车快多了吧？
我刚刚给它升了级，现在它的速度可以达到光速的1/10。你们想不想体验一下？

阿基博士热情地迎接小怪兽们。

阿成和飞飞左看看，右摸摸，对飞船里的一切都充满了好奇。

光速

光速指光波传播的速度，真空中光速约为 30 万千米 / 秒。

听说距离太阳最近的恒星叫比邻星，
我们能去那里看看吗？

可是比邻星与地球间的距离是 4.2 光年。
也就是说，即使是一束光，也要经过 4 年多才能从
地球传到那里。博士的飞船速度只有光速的 1/10，
如果我们乘坐它飞过去，得花费 40 多年的时间。
4.2 光年
40多年！

光年

光年是距离单位，1 光年等于光在真空中 1 年内走过的路程，大约等于地球到太阳的距离的 6.3 万倍

如果要花40多年的时间，那等到邻星时我都已经变成中年怪兽了！
真的要这么久吗？
不会花这么长时间的。你们要是对宇宙旅行中的时间问题感兴趣，我可以带你们去拜访我的朋友爱因斯坦。
据我所知，他有一艘更高级的飞船。
全速前进！

阿基博士发动了他的飞船。一瞬间，飞船就来到了爱因斯坦的院子里。此时，爱因斯坦正在喝下午茶。他很快就认出了老朋友阿基博士的飞船，并上前热情地拥抱了阿基博士。

太酷了吧！
乌噜、浆果果
没来太可惜了！
不错！不错！
在了解了一行人的来意之后，爱因斯坦带他们四人进入船舱。
阿基博士的飞船速度能达到光速的
1/10，我的飞船更厉害……

大家露出了激动的表情，想知道爱因斯坦的飞船到底有多厉害。

我的飞船能调节光速！想象一下，我们把光速调到约 20 千米 / 时*，这跟你们跑步的速度差不多。
20km/h
确认

*注：此处调节光速的设定为本册剧情演绎需要。在相对论中，光在真空中的传播速度相对于任何参考系都是恒定且相同的，约为 30 万千米 / 秒。

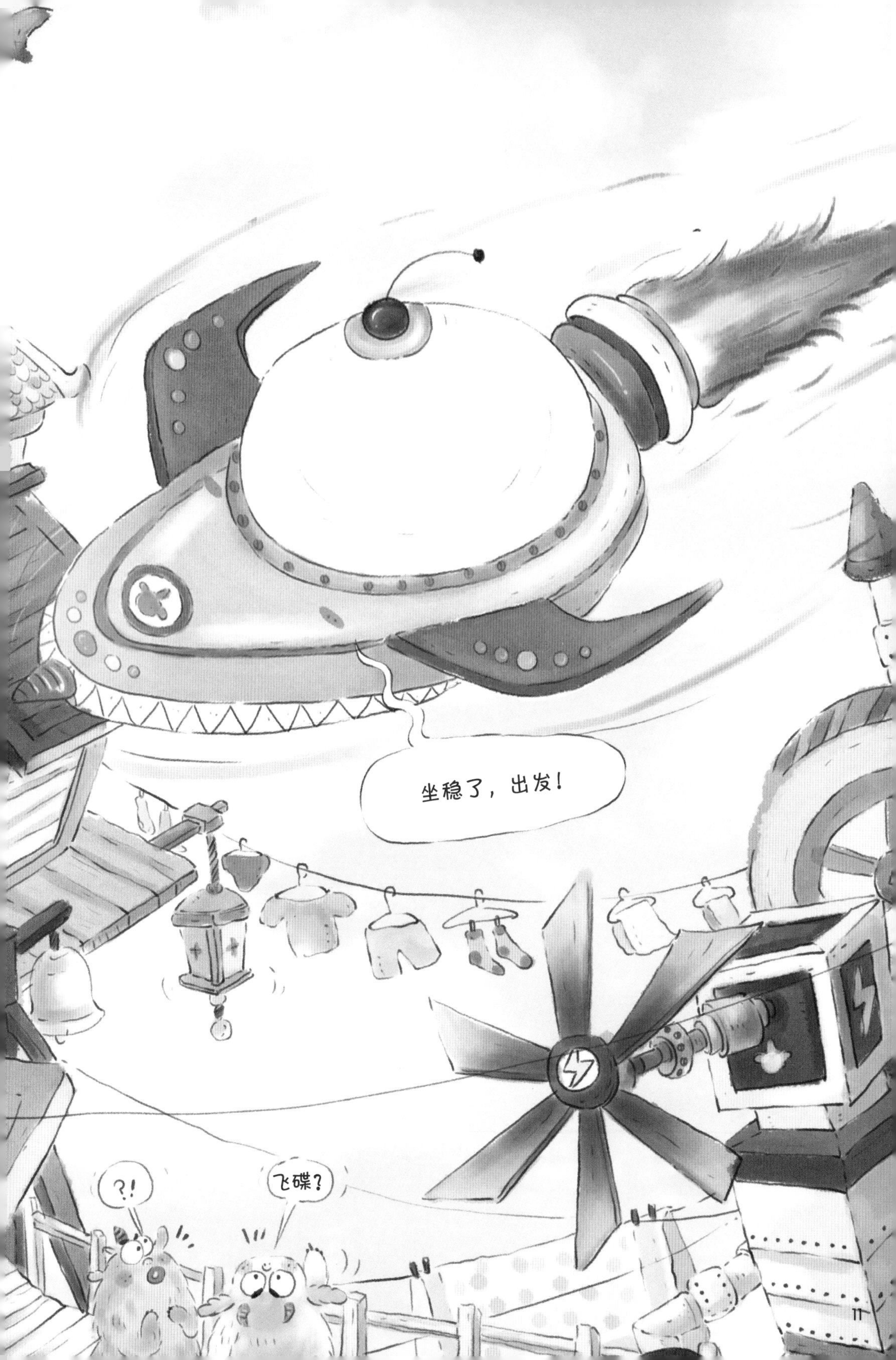
坐稳了，出发！
?!
飞碟？

随后，爱因斯坦带领大家走下飞船，映入眼帘的是毛怪镇。大家的眼前缓缓驶过一辆汽车。这辆汽车看起来似乎被挤扁了，车轮也变成了椭圆形。

眼前的景象让大家惊呆了。因为任何运动物体的速度都无法超过光速，所以在这座小镇里，不管你是跑步，还是骑自行车、开汽车，速度都无法超过 20 千米 / 时。

小怪兽们还没反应过来，爱因斯坦又把大家叫回了飞船。他驾驶着飞船带大家游览毛怪镇。

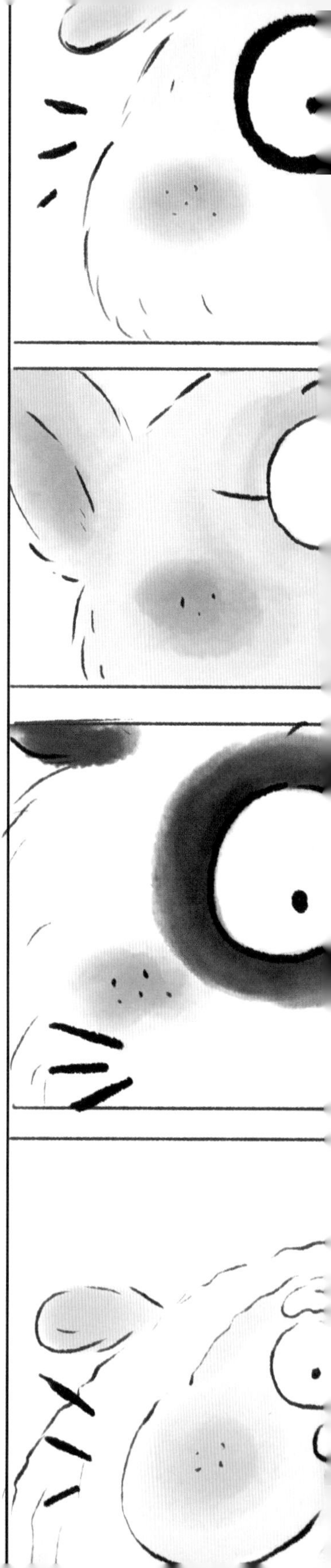

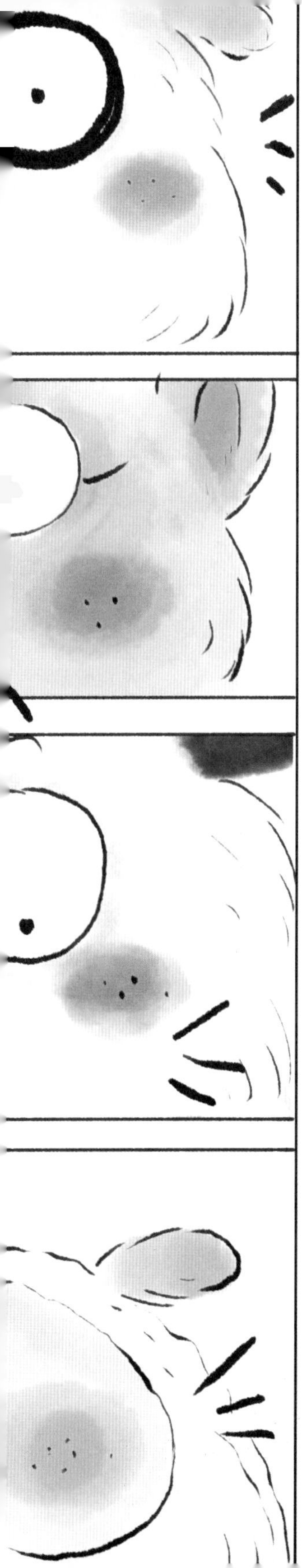

小镇上所有路人似乎都被挤压过，街道缩短了，原本宽大的商店橱窗现在变得非常狭窄。而且，飞船的速度越快，小镇里的一切看上去越窄。

我猜，当物体以接近光速的速度运动的时候，它在运动方向上的长度会缩短，比如一开始我们看到的行驶中的汽车就缩短了。
可是，我们坐上飞船之后，看到外面的物体也都变窄了，这又是怎么回事呢？
欢迎光临

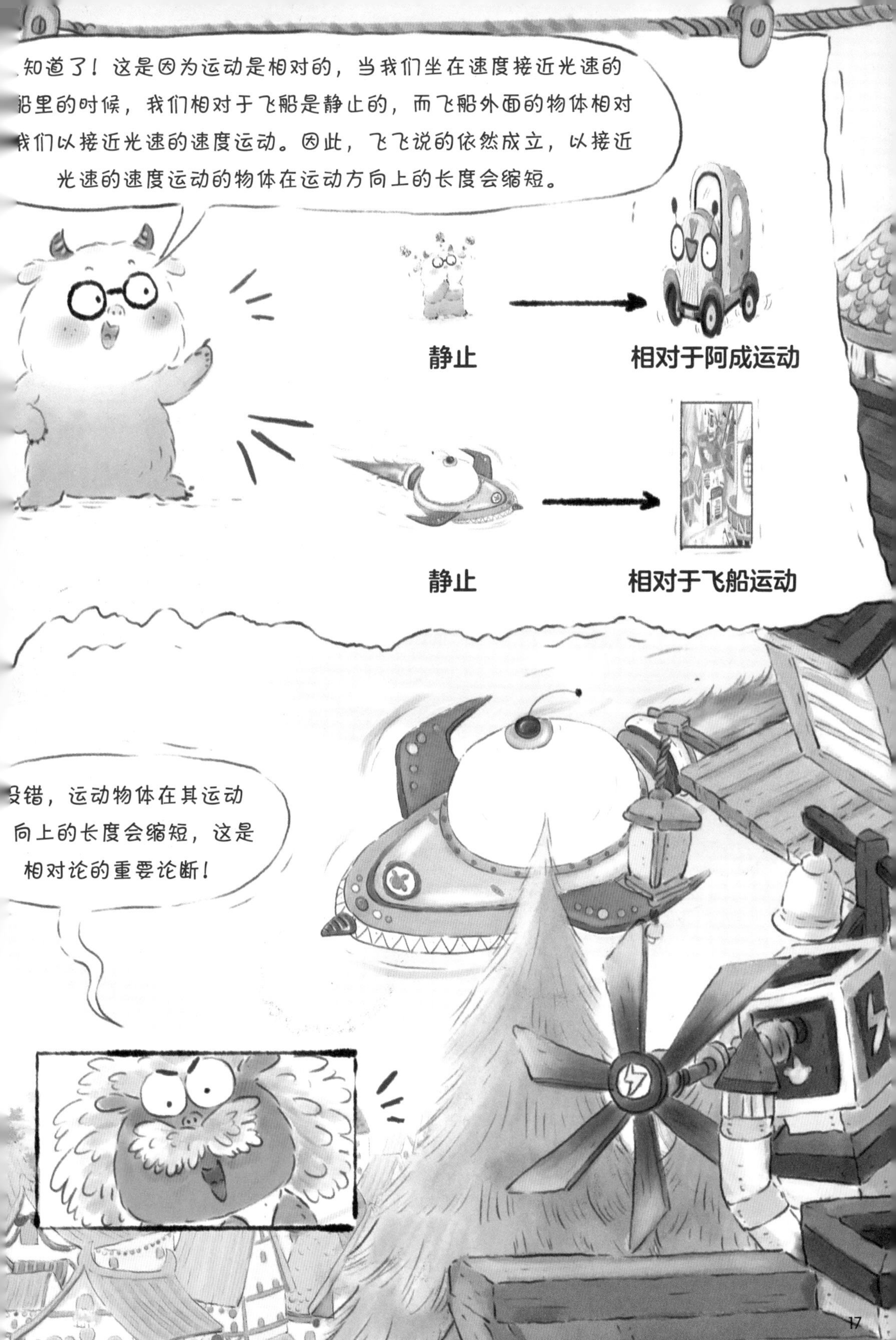
知道了！这是因为运动是相对的，当我们坐在速度接近光速的
船里的时候，我们相对于飞船是静止的，而飞船外面的物体相对
我们以接近光速的速度运动。因此，飞飞说的依然成立，以接近
光速的速度运动的物体在运动方向上的长度会缩短。
静止
相对于阿成运动
静止
相对于飞船运动
没错，运动物体在其运动
向上的长度会缩短，这是
相对论的重要论断！

阿成也开始想象这样的场景：他和盼宝以光速飞向比邻星，那么 4 光年的距离会缩短成非常短的距离。这段旅程对他和盼宝来说只花费了很短的时间，而地球上的人会觉得已经过去了 4 年。当他们从比邻星返回地球，他们会发现在往返的过程中，地球上所有人都老了 8 岁，而他们自己却几乎没有变化。

光年
这是相对论的另一个结论：
物体运动的速度越接近光速，
时间的流逝会变得越慢。

如果我们慢慢加快，直到超过了光速，
会发生什么事情呢？
我听说如果速度超过光速，
时间就会倒流，真的会这样吗？
正在呼叫……

爱因斯坦使用驾驶舱中的大屏幕向朋友薛定谔发出了视频电话的邀请。

喂！
可……可是你们不是已经在我家了吗？
我这边有几个朋友，想向你请教科学问题，我们现在就出发去你家。
我们明明还没有出发啊！
这是怎么回事？
感觉有点儿诡异！难道有另外一个我？
别急，你们马上就明白是怎么回事了。

爱因斯坦挂断视频电话，按下先前的按钮，让光速恢复到30 万千米 / 时。随后又驾驶飞船，向薛定谔家前进。飞船的速度被设定在 400 千米 / 时，大家很快就到了薛定谔家门口。

人敲响了薛定谔家的门。薛定谔一打开门，两只猫就扑到了爱因斯坦怀里。

薛定谔虽然一头雾水，但还是热情地邀请大家进屋。突然，书房里传来

频电话的铃声。

你们先在这里休息一下，
我去接个电话。
我这边有几个朋友，想向你请教
科学问题，我们现在就出发去你家。
?
可……可是你们不是
已经在我家了吗？
我们明明还没有出发啊！

为什么你们已经过来了，
我才接到你们的电话啊？

薛定谔走出书房，完全摸不着头脑。他连忙询问爱因斯坦。

因为在这之前，我为了演示相对论的效果，用飞船把光速调成了 20 千米 / 时。这样一来，视频电话的电磁波信号，就是以那么慢的速度传播过来的。
20千米/时

但是在我们正式出发之前，我又让一切恢复了正常，这样一来，只要我们的飞船以正常速度前进，相比之前的光速，就是超光速运动了。因为飞船在半路就已经追上了之前发出的信号，所以你先看到了我们的到来，然后才接到我的视频电话。
20千米/时
400千米/时

这实在太奇怪了！
其实在生活中，这种现象并不会出现。因为事物的发生有特定的顺序，比如我们先出发，然后才到达——绝不可能先到达，再出发。也正因如此，在生活中，信息的传播速度和物体的运动速度都不会超过光速。真空中的光速就是宇宙中的极限速度。

那如果我驾驶着以光速运动的飞船，向前发射一束激光，在地面上的人看来这束激光的速度岂不就是光速的2倍，这样不就超过光速了吗？
当物体的运动速度接近光速的时候，我们就不能再对速度进行简单的加减了。实际上，即使在以光速运动的飞船上发射激光，那束激光的速度也只等于光速而已。
阿基博士带着小怪兽们与爱因斯坦和薛定谔告别后，驾着奇妙前进号返回。
虽然你们现在可能会觉得这些东西听起来有些难懂，但等到你们长大之后，或许就明白了。

爱因斯坦（1879—1955）

爱因斯坦生于德国，是 20 世纪乃至人类历史上最杰出的物理学家。他提出了狭义相对论和广义相对论，也是量子力学的奠基人之一。爱因斯坦曾经于 1905 年在《物理年鉴》发表了 4 篇划时代的论文，这 4 篇论文讨论的主题各不相同，每一篇都开创了物理学全新的研究方向，从来没有人能在这么短的时间里对现代物理学做出这么大的贡献。因此，1905 年被称为“爱因斯坦奇迹年”。

薛定谔（1887—1961）

薛定谔是奥地利理论物理学家，是量子力学的奠基人之一。1926 年，他提出薛定谔方程，为量子力学奠定了基础。此外，他还提出了“薛定谔的猫”这个思想实验，试图说明将量子力学原理应用于猫这样的宏观物体时会得出违背常识的结论。薛定谔后来还试图用热力学、量子力学和化学理论来解释生命的本性，他的理论影响了后来的许多生物学家和物理学家。